梦想家居

就该这样装！

MODERN SIMPLE
——现代简约——

凤凰空间·天津 编

最实用·最简单·最省钱！
拒当菜鸟，你真正需要的家居宝典！
让你五分钟内变身家居百科达人！

U0264782

江苏科学技术出版社

Modern Simple

现代简约

简约风格源于20世纪初期的西方现代主义，现代简约风格强调几何线条修饰，色彩明快跳跃，外立面简洁流畅，以波浪、架廊式挑板或装饰线、带、块等异型屋顶为特征，立面立体层次感较强，外飘窗台外挑阳台或内置阳台，合理运用色块色带处理。

体现时代特征为主，没有过分的装饰，一切从功能出发，讲究造型比例适度、空间结构图明确美观，强调外观的明快、简洁。体现了现代生活快节奏、简约和实用，但又富有朝气的生活气息。

早期的现代室内设计中简约主义设计理论来源于西方，现代主义建筑大师密斯·凡得罗（Miss Van de Rohe），高度强调和提倡少既是多的设计原则，讲究功能主义，无装饰，简单而不单调。它注重功能的同时也注重与自然的结合和人情味，注重室内细部的细腻表现，也可以说是简约主义的中心思想。它的特色是将设计的元素、色彩、照明、材料简化到最少的程度，空间的架构由精确的比例及精到的细节来体现。随着科技的发达和人们对生活品质的追求，简约风格成为一种时尚，一种设计中的主流。

目录
CONTENTS

Modern Simple ·

民权东路李公馆

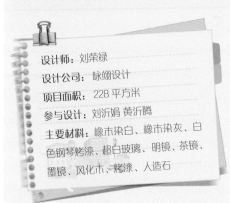

设计师：刘荣禄

设计公司：咏翎设计

项目面积：228 平方米

参与设计：刘沂娟 黄沂腾

主要材料：橡木染白、橡木染灰、白色钢琴烤漆、超白玻璃、明镜、茶镜、墨镜、风化木、烤漆、人造石

单凭垂直与水平有多少玩法？只有设计师才知道。深思熟虑布局精巧的结构，如同下棋般谋略：线与线间的节奏，面与面之间的嵌合，材质跃动间的品味，皆为成就纯熟的技术与工法。

造就非凡的美学来自追求工艺的极致。如电视墙上端，如柜面下缘，精心开出的"缝"，都不时出现在空间中，皆让整个精密的空间垂直与水平之间，仿佛多了扇出口，让大面积的量体轻盈而漂浮，让线与面在落地有声之前轻跳。

 单就垂直与水平，透过缜密精准的计算，来构筑生活的"节拍器"，
任何动人的乐章皆是以此为基础的。只有这样才能让感性演奏，
且不失秩序。感谢巴洛克时期的音乐不断带来的灵感。

贯穿主空间天际的光，像是云雾轻柔
拨开一道隙缝，自然光线悠然洒下，
显得一派轻松。此等细节毕竟隐藏
在毫无炫技与矫饰之间，不喧不嚣，
埋下了深刻而实在的寓意。

定制家具可以充分的利用家中空间，并且可以完全根据主人的实
际情况来设计，无论从外观还是使用上都能充分体现个性化需求，
所以，一些如衣柜等大件家具进行定制加工，应该是潮流趋势。
消费者可以根据自己的喜好选择不同或相同风格的家具，并根据
功能、感官、质量的要求来调整产品的材质、规格、工艺，从而
真正达到了一站式解决的目的，避免了不同厂商制作的产品不能
统一、配套或者不能满足空间、功能和预算的限制等尴尬问题。

Modern Simple ·

金山花园 A 座

设计师：郑勇威 Tony Cheng

设计公司：爱家设计有限公司

项目地点：香港

用简约的手法进行室内创造，它更需要设计师具有较高的设计素养与实践经验。需要设计师深入生活、反复思考、仔细推敲、精心提炼，运用最少的设计语言，表达出最深的设计内涵。

Balcony

Bedroom

4' x 6'

Bathroom

Living Area

Master Room
5' x 6'-6"

Master Bathroom

Bedroom

Dining Area

Kitchen

REF.

Entrance

W/M

Maid's Room

Toilet

2'-6" x 6'

小贴士

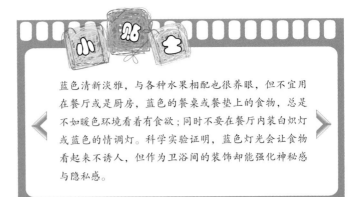

蓝色清新淡雅，与各种水果相配也很养眼，但不宜用在餐厅或是厨房，蓝色的餐桌或餐垫上的食物，总是不如暖色环境看着有食欲；同时不要在餐厅内装白炽灯或蓝色的情调灯。科学实验证明，蓝色灯光会让食物看起来不诱人，但作为卫浴间的装饰却能强化神秘感与隐私感。

淡蓝色抱枕配上淡蓝色的窗帘给空间增添了一份宁静，绿色的草坪植入室内更是增添了一份绿意盎然，电视背景墙的大理石运用得更显简洁、大气。

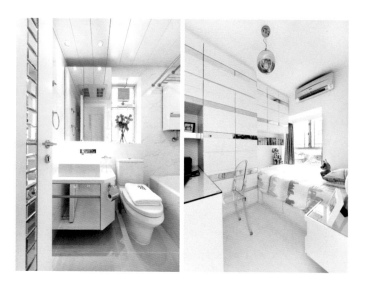

开放式厨房很是符合现代小户型空间的布置，不仅节约了空间，还可以增强家庭的氛围，透亮的餐桌餐椅也是现代简约风格的不错选择，不仅简洁时尚，也彰显自主个性。

整洁的白色空间在蓝色窗帘和抱枕的搭配下显得特别静谧，给空间一种安静的氛围，粉红色点缀的小花则提高了整个空间的品味和格调。

丰原陈宅

设计师：陈建佑

设计公司：珥本设计

项目面积：283 平方米

项目地点：台湾 丰原

主要材料：橡市节眼、橡市集成实市、缅甸柚市、长虹玻璃、灰玻璃、铁件、石材、皮革板

狭长的街屋格局，仅有 4.5 米宽与 9 米长的室内空间，垂直动线（包括楼梯和电梯）皆位于房屋的正中间，我们依序三等分地切割平面，并以不同的色彩区分各楼层主题。

没有制式家具摆设的客厅空间，以藤色衬底，也成为小朋友自在的玩乐区，在无阻碍的环境下，经典的家具单椅表述着主人期待放松的心情。

整体构成以水平向的设计为主，楼层之间的行径过程，可透过区块思考进行变化，把人与各机能衔接起来，消除狭长空间给人带来的不爽，前后两侧为主要采光来源，目的是不阻隔廊道的穿透性，好让这个中介区域能够吸收前后光线，而此区目前作短暂休憩、阅读之用，将来可因家中成员的增加而调整为餐厅。

DINING AREA

LIVING AREA

◀ ENTER

BATHROOM

1F Plan

MASTER BATHROOM

WALK-IN
CLOSET

MASTER BEDROOM

TUB

SHOWER

2F Plan

CHIRD'S ROOM

BATHROOM

BATHROOM

ELD'S ROOM

SHOWER

TUB

3F Plan

楼梯是高磨损部位，应使用较为坚固的材料。栏杆的宽度宜大或宜小，应考虑小孩夹头的可能性，要么是小孩头部进不去，要么是可以自由穿过。有缝隙的楼梯踏级，要注意女士穿短裙子时的仪态问题，避免尴尬的情况出现。楼梯的踏板，要注意做圆角处理，避免对脚部造成伤害，避免碰头。我见过很多临时改造的楼梯，上楼梯总是要小心翼翼的。

延续斜角语汇至楼梯的立面表现，利用木板作为一道扶手墙，通过灰玻璃与铁框架的组合，仍不阻隔光线的分布。空间的转折之下容易忽略剩余的闲置区块，而在有限的条件下尽可能充分运用隐藏或陈列方式，来迎合居家繁复的收纳所需。

以白色为主的厨房空间，在其他色彩区块的背景下则有不同的反差性，也藉此强调反射的光源所形成入口的廊道端景，仿佛回到了一个纯净的氛围。依据水平向的动线及画面，不妨穿插部分斜向的视觉设计，利用斜角切割的手法，除了投射光的点缀，生活上亦可避免锐角，同时营造空间雕塑的趣味性，增加空间尺度的放大效果。

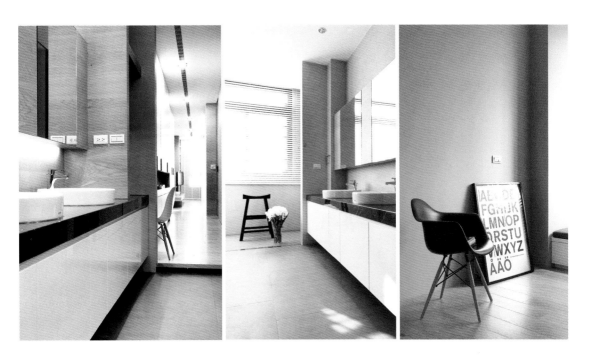

台中林宅

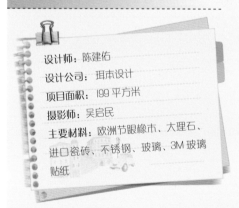

设计师：陈建佑

设计公司：珥本设计

项目面积：199 平方米

摄影师：吴启民

主要材料：欧洲节眼橡市、大理石、
进口瓷砖、不锈钢、玻璃、3M 玻璃
贴纸

有了窗外的绿树剪影相衬，早晨的和煦日光，慢慢唤醒了睡梦中的家人。此案为独栋透天住宅，三面采光，内部格局仍有一定的空间限制。在业主希望不要有过多复杂的色彩之下，设计师提出"跳脱传统透天的制式观念"，藉由转换的设计思维来克服现有条件。

一楼为客厅和餐厨空间，以电视为主角的客厅正对着窗，因此设计师巧妙地将电视位置做一个有斜度的侧墙，同时藉由这道45°斜向来界定出空间转折处，使整体空间显得更加宽敞，并将现代"扁平化设计"——电视、音响、厨柜等设备嵌入于墙面中，展现轻巧特色。

从开放式的格局配置中，拉出暧昧的空隙、穿透的玻璃界面，以减少视觉上的重量感；一楼灰色石材的铺设，可作为轻透空间中一个色彩沉稳的地坪角色，除了材料的使用外，家具的调性势必需要融入于整体氛围中，设计师为业主特别搭配的北欧丹麦品牌 Fritz Hansen 经典家具，作为此案材料搭配及整体空间调性的依据，使居家特质能够发挥至极。

 利用原有极佳的光线作为规划重点，以遮蔽的手法（如木百叶）来修饰透视入内的自然光线，表现与外流通的舒适环境。

透天住宅中，楼梯扮演着上下动线的重要角色，设计师打破独栋楼梯的既定观念，以茶色玻璃作为转折时的一道屏风和上楼扶手，另一侧则为至天花板的半穿透玻璃墙，凸显明亮的穿透感。

 二三楼为卧室空间，由专门订制的扶手铁件与集成材地板延伸而上。

家具的造型设计、材料的选用及搭配、装饰纹样、色彩图案等就要更多地考虑到人的心理需要。如老年人房间的家具造型端庄、典雅、色彩深沉；年轻人房间的家具造型简洁、轻盈、色彩明快；小孩房间的家具色彩跳跃、造型小巧圆润等。材质的软硬、色彩的冷暖、装饰的繁简等都会引起人们强烈的心理反应，所以，现代家具设计因人而异，更讲究个性化。

 四楼定义为一个轻松的空间布局，可以是书房、视听室，也可以是亲友聚会的独立场所，欲摆脱制式的空间变化，增加家人彼此间的互动乐趣，提高住所的居住价值。

天琴叶宅

记忆不仅仅只于脑海中保存，居所是休息的场所，也是体验回忆的印象空间。本案屋主时常旅游各地，尤其对于东南亚的风情文化有相当的喜好，设计师依据屋主的旅游经验，让设计的理念注入了如泰国文化、饭店及生活等有的特色，将屋主实际体验下的心得延展至空间操作中，希望在台湾的家能拥有记忆里的诠释，感受那份习惯的自在氛围。

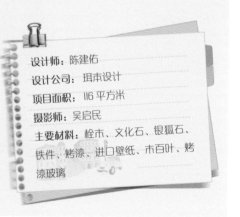

设计师：陈建佑

设计公司：珥本设计

项目面积：116 平方米

摄影师：吴启民

主要材料：栓市、文化石、银狐石、铁件、烤漆、进口壁纸、市百叶、烤漆玻璃

不管是家具、装饰品还是颜色，经由零散的搭配或装饰，在看似混乱中具有秩序的美感，即可称其为画面干净。设计师巧妙运用语汇转换和具象的艺术手法，分别置入草绿、芥末黄、蓝色等颜色，使空间充满了趣味性，让整体之间的线条饱和度更为紧密。

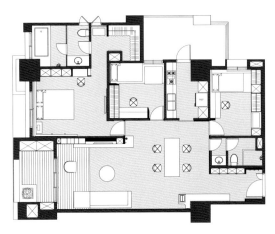

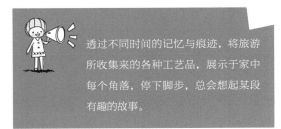

透过不同时间的记忆与痕迹，将旅游所收集来的各种工艺品，展示于家中每个角落，停下脚步，总会想起某段有趣的故事。

 本案实际大小为116平方米，整体来说空间条件不算大，入口利用黑色铁件构成树枝状的衣挂端景墙，为居家空间做了个趣味开场。

 不同墙面变化来自于异国文化的概念转换，如餐厅旁一道 L 形格状墙面，是撷取泰国当地的窗户元素，里头隐藏了厨房、卧室及卫生间的进出暗门。另外，足够的收纳需求亦是主要考虑，除了开放展示的陈列柜外，在一致的简洁线条下，多以门片来隐藏收纳柜，使空间的画面干净也好整理。

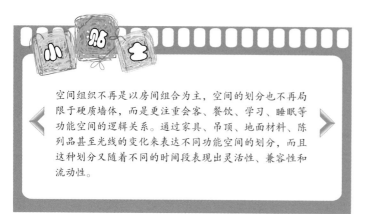

空间组织不再是以房间组合为主，空间的划分也不再局
限于硬质墙体，而是更注重会客、餐饮、学习、睡眠等
功能空间的逻辑关系。通过家具、吊顶、地面材料、陈
列品甚至光线的变化来表达不同功能空间的划分，而且
这种划分又随着不同的时间段表现出灵活性、兼容性和
流动性。

Modern Simple ·

天华美地（三期）现代风格样板房

设计师：林煜毅 张佳丹

项目地点：广东 汕头

主要材料：橡市饰板做灰色漆

黑不朽板

现代风格不是一种主义，也不是一种表面现象，应该更像一种思维方法。如同艺术里面抽象这个思维方法，把一些物质或最精华的部分表现出来。

整个环境与比较现代的家具搭配，有特色的、艺术品位浓郁的饰品及收藏品，更是给空间增添了一分美感。

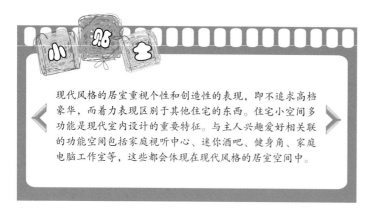

现代风格的居室重视个性和创造性的表现，即不追求高档豪华，而着力表现区别于其他住宅的东西。住宅小空间多功能是现代室内设计的重要特征。与主人兴趣爱好相关联的功能空间包括家庭视听中心、迷你酒吧、健身角、家庭电脑工作室等，这些都会体现在现代风格的居室空间中。

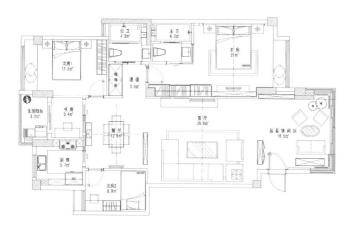

整个房子的设计围绕着电影、文化及艺术的主题，增添了一些随意轻松的元素，营造了一个具有现代气、息怡静的家居。

 走进室内，第一感觉像走进现代艺术馆，空间里趣味无穷，尤其是玄关的背景书架以及由丹麦设计师 Ame Jacobsen 设计的 Egg chair 鸡蛋椅，更显此空间的艺术魅力。

Modern Simple ·

桂湖云庭

设计师：施传峰

设计公司：福州宽北装饰设计有限公司

项目面积：203 平方米

项目地点：福建 福州

主要材料：东鹏陶瓷、宏星地板、TATA
市门、格莱美墙纸、爱的漆、西门子开关、
西门子厨具等

复式结构的房子，业主所需的卧室只有两个，一个在一楼，
一个在二楼，整个二楼空间则基本是整体服务于主卧与主
卧配套的空间布局。

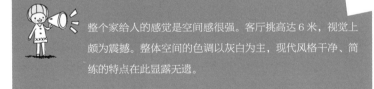

整个家给人的感觉是空间感很强。客厅挑高达 6 米，视觉上颇为震撼。整体空间的色调以灰白为主，现代风格干净、简练的特点在此显露无遗。

室内家具是以黑色为主的深色系，与整个空间搭配协调。

小贴士

装饰材料与色彩设计为现代风格的室内效果提供了空间。首先，在选材上不再局限于木材、面砖等天然材料，而是将选择范围扩大到金属、涂料、玻璃、塑料以及合成材料，并且夸张材料之间的结构关系，甚至将空调管道都暴露出来，力求表现出一种完全区别于传统风格的高技术含量的室内空间氛围。在材料之间的关系交接上，现代设计需要通过特殊的处理手法以及精细的施工工艺来达到要求。其次，现代风格的色彩设计受现代绘画思潮影响很大。通过强调原色之间的对比协调来追求一种具有普遍意义的永恒的艺术主题。

梯位保留原位没有做改动，以全透明的清玻作为楼梯护栏，简洁的同时使视线得以延伸，再一次显出了空间的通透。

Modern Simple ●

J-House 空间的附属空间

设计师：江俊浩

设计公司：大间空间设计

项目面积：83 平方米

项目地点：台湾 台北

主要材料：铁件、集层原橡市地板、明镜、实市、石材

居住者本身的背景为华裔法籍人士，长年旅居不同国家及生活在不同文化氛围中，对于居住环境有着不同美学上的见解，并希望居住空间并非时下住宅样板。 在原有空间尺度不足的情况下，设计师在设计沟通阶段中提出解决小空间的尺度限制方法，利用原有空间创造出附属空间，以解决环境尺度问题，再透过附属视觉空间将内部立面延伸，达到非刻意创造出的强烈视觉效果。

在设计的主轴上将空间释放出以纯白色调搭配木纹材质形塑一楼空间，利用镜面反射出空间中纯粹的线条比例及影像，试图将创造出的复迭虚拟画面与真实空间平衡的结合。

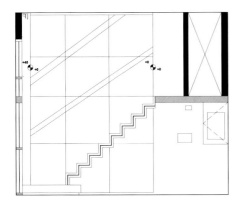

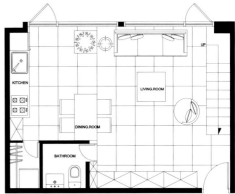

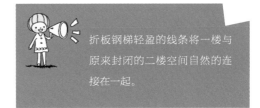

折板钢梯轻盈的线条将一楼与原来封闭的二楼空间自然的连接在一起。

透过流动的影像及脱离环境的限制，反映出空间与影像重新组合的丰富性。

设计者认为当居住空间获得真正的解放时，墙不再只是墙，真正展演的是居住者与居住空间，住宅必能述说时间、情感及生活的深层文化内涵。

小贴士

现代设计追求的是空间的实用性和灵活性。居室空间是根据相互间的功能关系组合而成的，而且功能空间相互渗透，空间的利用率达到最高。空间组织不再是以房间组合为主，空间的划分也不再局限于硬质墙体，而是更注重会客、餐饮、学习、睡眠等功能空间的逻辑关系。通过家具、地面材料、陈列品甚至光线的变化来表达不同功能空间的划分，而且这种划分又随着不同的时间段表现出灵活性、兼容性和流动性，如休憩空间和餐饮空间通过一个钢结构的夹层来分割，阁楼上的垂幔吊顶又限定了床的范围，这是典型的现代空间设计手法。

运用透明玻璃围塑出阅读及浴厕空间，试图以空间借空间的设计手法超越既有视觉的限制，营造出空间的扩大性及环境的优雅性。

黑白森林

设计师：郑一鸣

设计公司：武汉郑一鸣室内建筑设计

项目面积：150平方米

主要材料：霸王花大理石、皮革软包、艺术墙纸、金镶玉大理石、实市地板、雅士白大理石等

本案以黑白为主色调铺陈，整体设计时尚冷艳。客厅与餐厅的格局是左右对称、贯通的，于是采用整面石材造型，简洁、统一。

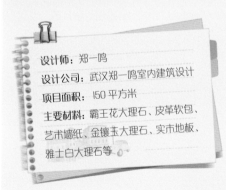

餐厅的地面处理别致，石材方框的连续图案形成地毯式的铺垫。镜子制成的餐边柜，与一对银鹿使就餐的氛围多了几分情趣。开放式的酒架连接餐厅与厨房，空间灵动通透。

沙发选用新古典黑色皮革，精致简约。银色的饰品为空间增添了几分华丽。

皮革家具的保养可根据污损程度采取相应的保养措施。对于轻度的污染，如洒上饮料、咖啡等液体或发现油渍、污垢，先用柔软的布蘸温水擦拭，再用低浓度洗衣粉水擦拭，再用清水擦拭即可。污渍严重的则要使用专业清洁剂擦拭，如皮革清洁液或清洁膏，并涂上皮革保护品。皮革沙发（尤其是浅色的）最好每天清洁，把柔软的棉布或绒布放在清水中浸湿，拧干后再轻轻擦拭沙发表面。每月一次将牛奶与清水按 1∶1 的比例混合，用软布蘸取擦拭，以除去灰尘并延长皮革寿命。

主卧是由书房与卧室组成的套房，相隔的门可以灵活地划分空间，卧室以褐色为基调，色调相对柔和，通过光影的效果呈现细腻的层次。

Modern Simple

厦门珍珠湾花园

设计师：叶建加

设计公司：厦门玛丁设计顾问公司

项目面积：180平方米

主要材料：白色墙漆、软市、灰镜、皮革

简约不等于简单，它是经过深思熟虑后经过创新得出的设计和思路的延展，不是简单的"堆砌"和平淡的"摆放"，每样物品都凝结着设计师的独具匠心，既美观又实用。

把对称的两个空间镜像组合，两个门，一方一圆，以白色的柱子分开了两个空间，分开，融合，融合，分开。

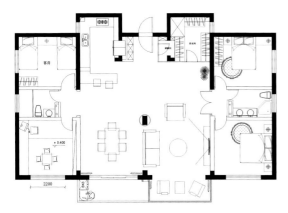

 白色木地板让人感觉走在沙滩上，一直走就能走出这片白色沙滩，步入蔚蓝大海。有人把房子建在海边，我们把海景搬进房子里来。

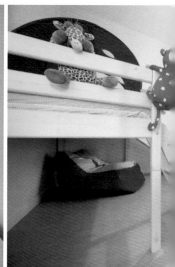

沙发保养用蛋清 蛋清是清洁真皮沙发的好帮手，用干净绒布蘸些蛋清轻轻擦拭，既能清洁污垢又能使沙发保持亮洁。茶叶擦漆制家具 油漆过的家具如果沾染了灰尘，可以用湿纱布包裹的茶叶渣去擦，也可用冷掉的茶水擦洗。

 不同主题的房间，让心情也随之浪漫、悠闲、活泼、安稳。

清素雅居

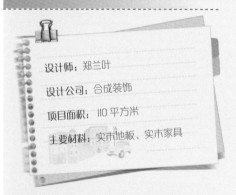

设计师：郑兰叶

设计公司：合成装饰

项目面积：110 平方米

主要材料：实市地板、实市家具

现代的生活紧张、急促，我们都迫不得已地过着本不属于自己内心的快节奏生活，在室内的装饰风格上，也都追求奢华、烦琐的装饰风格以此来满足我们忙碌过后的不平衡感。业主希望在这繁华的市区里也能有一块地方回归原始沉淀心灵，设计师认为住宅设计是设计一种生活方式，而本案是设计一套简洁自然、淡泊宁静的生活方式。

家不是样板房，要注重实用功能，设计师除了考虑客户的需求与美观外，亦不能忽略真正用家的需要，以求设计、实用和创意并重。

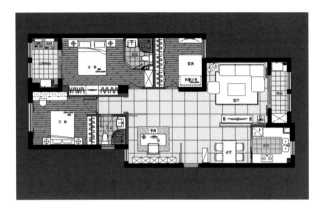

设计师把传统中式形式用现代造型方式表达出来，满足了居住者的艺术情趣和归属感，带来一种我们曾经羡慕的生活状态：宽敞、个性、私密、闲适、幽雅、唯美而且回归自然。

客餐厅及书房的空间布局采用开放式设计，把过道的空间也纳入视线里，舒适且宽敞。设计师心思细腻，设计了收纳柜或展柜，发挥其最大的功能，满足业主收纳居家用品或是收藏品的实际需求。

现代简约风格在处理空间方面一般强调室内空间宽敞、内外通透，在空间平面设计中追求不受承重墙限制的自由。墙面、地面、顶棚以及家具陈设乃至灯具器皿等均以简洁的造型、纯洁的质地、精细的工艺为其特征，并且尽可能不用装饰和取消多余的东西，认为任何复杂的设计，没有实用价值的特殊部件及任何装饰都会增加建筑造价，强调形式应更多地服务于功能。

 卧房以温和为主，华丽为次，所有的基本配备都建立在美学的涵养之上，在光线的烘托之下尤显精良品质。

 以书房的布置为最。放眼望去，整幅的背景墙竟成了圆圆满满展示柜，各式各样的收藏品尽收其中，提升了书房的书香气质。

优雅中挹取华丽芬芳

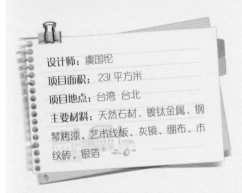

设计师：虞国纶

项目面积：231平方米

项目地点：台湾 台北

主要材料：天然石材、镀钛金属、钢
琴烤漆、艺术线板、灰镜、绷布、市
纹砖、银箔

空间，在简明与自由的氛围里发展，透过线、面、体块，家具、装饰及材料，结合建筑环境，在阳光与清风和谐的对话里，所有的节点形构出空间里的活动表情，延展出应当具备的人文精神与生活文法。

穿越开窗接口洒入室内的阳光，给予厅区开放尺度里唯美而高贵的背景表情，雅中见质，独具优雅，与潮流中的时尚有所不同，反映居住者高雅而悠然的生活态度。忠于美学，凌驾于设计原创的精神之上，探究空间内在的纯粹力量。

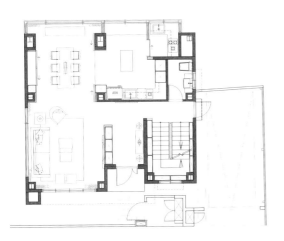

对于精致居宅的合理定义，除了风格之外，应该从大方向的人文哲学自省审视开始，承接环境与室内的风景延续，满足当代文化以及反应生活机能的美学细节，努力创作出空间设计与城市脉动关系精准拿捏得当的生活魅力。

打破传统的惯性思维，充分运用几何线条，有圆形、方形、多边形等，无论是方正细长还是圆润光滑，都迎合了现代人的审美观念。在材质上，一般采用铝材、钢材、亚克力、玻璃等富于现代特征的材质，表面有的平滑，有的配以各种曲线设计，有的是磨砂设计，给人不同的享受。在颜色上不会有太多色彩上的花哨，产品的色彩比较单一，白色、灰色、黑色、橙色等为主色调，这些产品通过色彩就能带给人一种安静的感觉，而又不失现代感。

从家具的原创设计精神，到设计家的创意风范，都尽力雕塑出空间最佳表情，讲究的是精致美学概念的实践整合，重视的是优式建筑环境的穿透引导。跳脱传统风格的客观印象，融合媒材虚实特性，主导空间流动意象，寻找与自然环境的交集、与自然光线的消长、与自然时序的变迁，以开阔大气的设计表现空间的真实性、生活性与价值性。

藉由媒材镜射、穿透的特性，促成与空间之间真正的对话，完全衍生轻松自由的线面虚实关系，并响应、探究区域机能及材料特性共生并存的真实意义。

光影依循着线条，向上向下地径自延伸开来，连贯、引申强而有力的结构表情，也叙述着空间完整而和谐、融洽的秩序主张。

要想舒适的休憩，必须跳脱虚假式的风格限制，促成与建筑环境、人的个性、生活见解相互融合，从对立当中，寻找出一种协调感，制造出空间的弹性，确保生活的安逸性。

Modern Simple •

台中黄宅

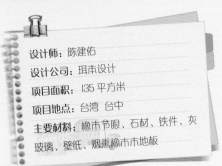

设计师：陈建佑
设计公司：珥本设计
项目面积：135 平方米
项目地点：台湾 台中
主要材料：橡市节眼、石材、铁件、灰玻璃、壁纸、烟熏橡市市地板

本案为建筑师夫妇与儿子现阶段生活的家，方正的 135 平方米空间，在屋顶的侧边，建筑师设计了一条可渗透进光线的天窗，引导一二楼行进的动线，二楼住家的设计也就从这里开展，以这道光线作为渲染的起点。

 住家是人们生活的起点，也是最能表现生活本质的地方，我们将家人共同聚集的客厅与餐厅配置于房子的中心，利用动线的交集，使住宅的使用者能产生频繁的互动。

在建材的选择上，作为一栋建筑物从构思(design)至实体(building)的创造者，我们以建筑师工作间常接触到的素材与使用经验为概念，以生铁板、实木、铁件、玻璃、石材作为室内装修的素材，以自然及纯粹的空间表现传达出属于最贴近建筑师夫妇的本质特色。

将建筑物前方与后方的房间设计为父母与儿子个自的私人领域，父母的房间以共享的盥洗区作为区隔，可避免彼此作息时间差异的干扰。可利用隐藏于墙面的推拉滑门，使空间随使用者的活动需求而有不同的使用功能。

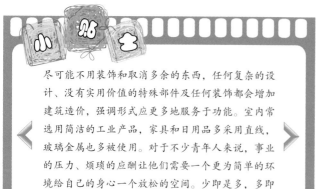

尽可能不用装饰和取消多余的东西，任何复杂的设计、没有实用价值的特殊部件及任何装饰都会增加建筑造价，强调形式应更多地服务于功能。室内常选用简洁的工业产品，家具和日用品多采用直线，玻璃金属也多被使用。对于不少青年人来说，事业的压力、烦琐的应酬让他们需要一个更为简单的环境给自己的身心一个放松的空间。少即是多，多即是少。以宁缺勿滥为精髓，合理地简化居室，从简单舒适中体现生活的精致。

欧洲城

设计师：叶蕾蕾 叶建权

设计公司：温州大树设计工作室

项目面积：130 平方米

项目地点：浙江 温州

摄影师：叶建权

现代人快节奏、高频率、满负荷，已让人到了无可接受的地步。人们在这日趋繁忙的生活中，渴望得到一种能彻底放松、以简洁和纯净来调节转换精神的空间，这是人们在互补意识的支配下，所产生的亟欲摆脱烦琐、复杂，追求简单和自然的心理。

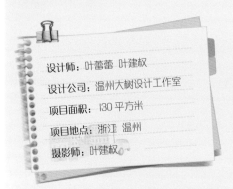

基于业主要求，本案将原本屋子里一个完整的餐厅区域，改造成一个独立的休闲区。如此一来，加上原有的书房，男女主人便都拥有了个属于个人的休闲空间。

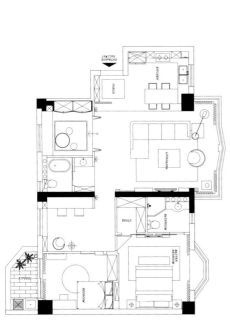

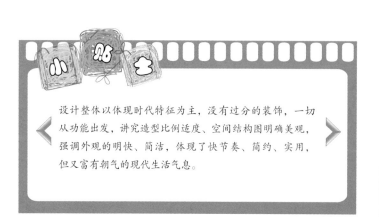

设计整体以体现时代特征为主，没有过分的装饰，一切从功能出发，讲究造型比例适度、空间结构图明确美观，强调外观的明快、简洁，体现了快节奏、简约、实用，但又富有朝气的现代生活气息。

 将餐桌融入到其中的敞开式厨房，在最大限度地拓展了空间视野的同时，也不失其实用性。客厅区域与寝居室之间的移门，也是本案的亮点之一，移门打开之后，便与电视背景融为一体。

 本案的主色调是白色与米黄色，比较多地使用了米黄色木板，旨在营造一种宁静的氛围。进入本屋，都会有种浮华掠影终淡定的感觉。

Modern Simple

延·界限

設計師：虞國紀

設計公司：格紀設計工程有限公司

項目面積：228 平方米

主要材料：鋼刷市皮、鐵件、黑鏡、火焰玻璃、金屬磚、市作鋼烤、皮革、不鏽鋼、觀音石片、黑色鋼刷市地板

建筑，是艺术与设计的极致表现，引领当代文化与时尚精神。设计师将建筑线条界限的均衡美感带入室内空间，藉由垂直水平的交错、延伸、发展、汇集出各种丰富的层次表情，透过光源、媒材、颜色消化传统风格过于制式的窠臼框架，重新规划专属且壮阔的独特视景。

 设计，在体验经济和用户导向创新的潮流中，分别从构成（forming）和设立（setting）两方面来论述，概念到发展、美学到功用演绎为生活清晰的脉络条理，讲究人文，非制式的风格或流行的媒材所独力主导。藉由黑白颜色对比的冲突、垂直水平线面的交错，跨界、延伸出融洽的生活表情，颠覆既定媒材的具象形意，将视觉焦点聚集在建筑环境与天然元素当中，共同连贯、引申出大气悠然意象。

将对于区域必须具备的机能概念，通过设计，经由灯光、媒材、线条、颜色转化形成一种轻松的对话方式，没有制式的束缚感也跳离传统的框限，铸融成为融洽的空间形态，藉由白昼与夜晚的时间转换，灯光层次的和谐温暖，建立对生活的信任与依赖。

在餐厅区里，光线一定要充足。吃饭的时候光线好才能为食物营造出一种秀色可餐的感觉。餐厅里的光线除了自然以外，还要光线柔和，同时可以使用吊灯或者是伸缩灯，能够让餐厅明亮，同时使用起来的时候就非常的方便。头顶的水晶吊灯光鲜明亮，采用暖色调使整个房间更加温馨柔和，这也非常符合节日的气氛。相信在这样风景如画的餐桌旁就餐，心情会更加愉悦！

在丰富的视觉变化与亲切和谐的对象触觉里，透过中介或开放的关系转换，进行着动线间自然交换，安定心绪。在不同空间中悠缓地体现当代时空下专属的个性，努力在时空观下，创作出一种既能反映现代风潮又兼具独特逸趣的机能特性。

思绪，在垂直或水平、黑或白、开放或独立、柱或墙、单纯或繁复的对比关系中抽离，将设计反推至表现空间的最初状态，在时尚经典的语汇里，挹注人文情感，将阳光、空气、水的声息串连相通，酝酿室内优雅而精致的意境。

御悦悠然

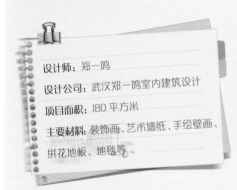

设计师：郑一鸣

设计公司：武汉郑一鸣室内建筑设计

项目面积：180 平方米

主要材料：装饰画、艺术墙纸、手绘壁画、
拼花地板、地毯等

在本案中，我们采用了新中式设计风格，新中式一般是指明清以
来逐步形成的中国传统风格的装修。这种风格最能体现我们民
族的风范与传统文化的审美意蕴，追求的是一种修身养性的生活境
界，并且以其不过时的独特特征，长期以来一直深受人们的喜爱。

玄关与客厅里布置的水墨画，点缀茶几上的
白色素烧花瓶，让空间变得无限惬意。步向
走道，墙上的虚拟时钟，既实用又趣味盎然。

简约舒适的餐厅，别具一格的镜饰，都体现出设计师独特的情致。
吊灯的运用拉低了就餐空间环境，感觉会很温馨、惬意。

温暖的休闲房内，下午阳光轻轻地洒在地板上，靠着柔软的抱枕喝杯下午茶，翻一本杂志或者小说，是多少人向往的生活。

以抽象的装饰画，让老人房呈现金秋岁月的丰盈。床头柜上的鲜花又使整个空间充满了生活的朝气，素雅的窗帘和床品搭配，更是显得明亮、舒适。

穿过抽象花丛装饰画，来到典雅的主人房，平和的杏色，鱼鳞纹的背景恰到好处地透露出女主人温婉恬静的气质。

现在家庭的简约不只是说装修，还反映在家居配饰上的简约，比如不大的屋子，就没有必要为了显得"阔绰"而购置体积较大的物品，相反应该只有生活所必需的东西才买，而且以不占面积、折叠、多功能等为主。试想：寸土寸金的价格买的屋子让"破家具"给挤得没了"空间"，那我们作为"主人"生活的惬意从何而来，能"简约"吗？

Modern Simple

长龙地产

设计师：王庆堂

设计公司：王庆堂设计工作室

项目面积：280 平方米

本案客厅空间大面积的墙面颜色沉稳，营造了宁静的空间情调，造型设计延伸了空间视觉的感观。在楼梯的对面设置了几米高的落地玻璃，玻璃旁边是镂空的聚合图案柱子，这两个设计很简单，却是赏心悦目，可以说是该房屋的亮点之一。

 沙发背后个性化的图案花纹，富有时尚、动感的气息；黑色的真皮沙发配以结拜的羊毛毯，在一个美妙慵懒的下午时光，在这里会客小聚，该多么美妙⋯⋯

通过马赛克墙砖以及对于灯光的搭配处理，创造出一种魔幻、迷离、朦胧的艺术效果，展现了一个现代感十足的厨房空间。

宽敞的书房连接着主人房，方便主人随时进出，需要时可以阅读，累了也可以回房间休息，一举两得。

黑色的皮质床头流露出一分舒适感，搭配上灰色的床品，同色系的床头柜，打造了一个简约、纯朴的卧室空间。柔和的灯光，让卧室中没有沉闷、冷清的感觉，有的只是这种简单搭配带来的温馨感。

通过光可以表现空间的形体、色彩和质感，以创造室内不同功能需要的环境气氛。光通过直射、过滤、反射、扩散或光影的变化还可创造不同的空间意境。光线来自天然采光和人工照明。照明设计包括功能照明和美学照明两个方面。前者是合理布置光源，可采用整体或局部照射的方法，使室内各部位获得应有的照度；后者则利用灯具造型、色光、投射方位和光影取得各种艺术效果。

Modern Simple ·

黑白圆舞曲

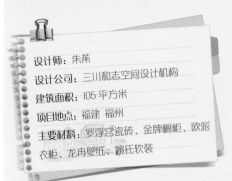

设计师：朱苿

设计公司：三川和志空间设计机构

建筑面积：105 平方米

项目地点：福建 福州

主要材料：罗浮宫瓷砖、金牌橱柜、欧派

衣柜、龙冉壁纸、姚氏软装

我是一个喜欢去尝试不同新鲜事物的人，对于设计来说，我觉得应该想法多一点，规矩少一点，但是这一切我们要以居住者自己的要求来定位自己的设计。用我们的想法，表达他们对生活不同的理解和向往，让自由、想象、情感注入生活的每一个角落。

本项目位于福建省福州市马尾区，楼盘叫海西提，建筑面积105平方米。户型结构三室两厅两卫，户型是长方形的，客厅没有窗户，厨房是暗房，采光、通风不够，客厅与餐厅的距离稍显拥挤。

这个户型改造的重点，是要将客厅和餐厅的空间自然过渡，不要显得拥挤。而且业主喜欢用圆桌，那么餐厅的空间要足够大。

黑白营造的空间，烘托简约风格，运用曲线贯穿整体，增加空间的流动感，给人一种飘动的感觉，合理利用空间，使房屋功能布局趋于合理。

 不锈钢、玻璃等富有质感的材质泛着不同的光泽，与曲线或直线搭配后，散发着冷峻的活力，黑与白的交织，谱写出一首黑白圆舞曲。

在室内装修中，只要使用好膨胀色与收缩色，就可以使房间显得宽敞明亮。比如，粉红色等暖色的沙发看起来很占空间，使房间显得狭窄、有压迫感。而黑色的沙发看上去要小一些，让人感觉剩余的空间较大。

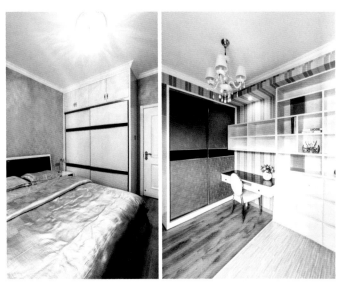

Modern Simple ·

建国北路张公馆

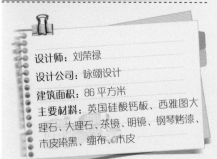

设计师：刘荣禄

设计公司：咏翃设计

建筑面积：86 平方米

主要材料：英国硅酸钙板、西雅图大理石、大理石、茶镜、明镜、钢琴烤漆、市皮染黑、绷布、市皮

谈起中国的山水，人们常常会想起"江山如画"，想起中国的水墨，想起水墨中"悠然见南山"的文人墨客、樵夫牧童……这种"隐于山水"中的精神正是中国传统儒道佛合一的精髓，也是我们设计五龙胜景底跃型样板房的主题思想：在大山的环抱中为现代都市人寻找一方云淡风轻的精神天地。

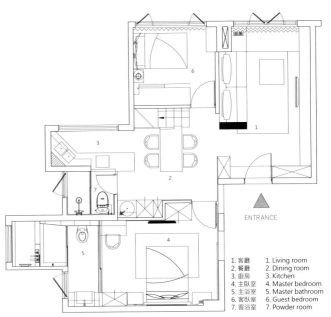

ENTRANCE

1. 客廳   1. Living room
2. 餐廳   2. Dining room
3. 廚房   3. Kitchen
4. 主臥室   4. Master bedroom
5. 主浴室   5. Master bathroom
6. 客臥室   6. Guest bedroom
7. 客浴室   7. Powder room

沙发背景墙衬以厚实的白色砖墙，在稳重而具人文气质的个性下，隐藏了后方的私人空间。天花板随灯光的凹槽设计，亦呼应着虚实空间的设计语汇，而水平线的重复出现，也稳定了空间整体。

装修完结后，我们最好不要立即入住，在装修时用的不管是板材还是黏合剂都含有一定的有害物质，一定时间的开窗通风是必要的。另外还可以放置一些适于室内种植的植物，比如，桂花有吸尘作用；银芭芋吊兰、芦荟、虎尾兰吸收甲醛；月季、玫瑰吸收二氧化硫；薄荷有杀菌作用；长青藤和铁树吸收苯；万年青和雏菊清除三氯乙稀。

虚实相映，可以说是本案空间与格局规划的主要轴心。从大门入口的玄关连接到客厅的空间，悬浮着的柜体随着延伸开展的立面串联起整个公共区域。鞋柜门片的茶镜转折到电视墙上方，成为了反射另一立面的虚空间，电视墙区块不仅内设有收纳空间，与上方内凹的展示空间也形成量体的进退对比。

当居住者由客厅移动至餐厅时，将感受到空间的过渡性以及压缩后而释放的张力。此处藉由空间的压缩与扩张，增强空间不同区域的对话与延展关系。而在中段至餐厨空间的区域，垂直的线条在此处更被强调，在不同的立面上，线条像是蒙德里安笔下的冷抽象绘画，既创造比例上的美感，同时也隐喻着存在于立面后方的空间。

馥华时尚陈公馆

设计师：刘荣禄

设计公司：咏翊设计

项目面积：30 平方米

项目地点：台湾 台北

主要材料：抛光石英砖、橡市染灰、橡市染黑、黑檀集成材、喷砂玻璃

家是人们温馨的港湾，回到家中，感到特别的自由和放松，而不会有紧张与压抑之感，这样对人们的身心健康也是特别重要的，不然快速发展的社会没有一个平静的场所，人们的身体、精神等各方面的健康都会受到很严重的影响。

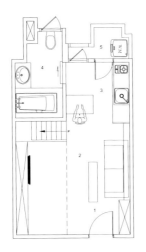
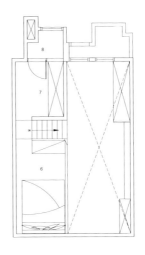

1.玄關	1.Lobby
2.客廳	2.Living room
3.廚房	3.Kitchen
4.浴室	4.Bathroom
5.陽台	5.Balcony
6.主臥室	6.Master bedroom
7.更衣室	7.Dressing room
8.儲藏室	8.Storage

狭小但高耸，空间的本体形塑了一个幽闭的时空。在我们原本习惯了的三度空间之外，折射出了视觉的宽阔与深邃。

夹层的三角玻璃如同舱房的观景窗，巧妙的球形灯具如同星球漂浮于宇宙之中。在已知的小小世界里，我们穿越了未知而广阔的空间。

由于线条简单、装饰元素少，现代风格家具需要完美的软装配合，才能显示出美感。例如沙发需要靠垫、餐桌需要餐桌布、床需要窗帘和床单陪衬，软装到位是现代风格的关键。大量使用钢化玻璃、不锈钢等新型材料作为辅材，也是现代风格家具的常见装饰手法，能给人带来前卫、不受拘束的感觉。

攀延而升的木质阶梯，恍若探索未来的时空便道，沿路辗转出另外一番视野，我们登上了一座以雕塑美学形造的太空舱，探索出深埋在心灵深处的秘密基地。

内湖吴邸

设计师：孟羿彣

设计公司：隐巷设计顾问有限公司

建筑面积：89平方米

主要材料：白色平光烤漆、磨砂银弧磁砖、深灰色火山岩磁砖、白色强化烤漆玻璃、白色陶瓷马赛克、胡桃木皮染色、北美染黑松木地板

现代设计融入八十年代的手工理念。基地位于内湖闹区的老旧公寓中，经历20多年的房子，处处可见当年因追求高容积率的公寓规划，狭长房子的主要采光来源为面向马路一端，入口处为前室内阳台，标准八十年代的公寓设计。业主为意大利留学回国的设计专业人员，由于房屋为长辈所留下，前期沟通时花了许多时间与长辈沟通改造的想法，此空间主要为夫妻居住使用，但需保留长辈房，并特别提出经常会有朋友到家中聚会，需有客房与麻将间等。

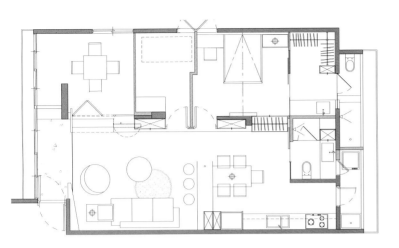

 整体搭配其实些许融入了八十年代的灵魂，仅有玄关处使用火山岩瓷砖，避免外鞋进入空间产生脏污。因为整体空间为白色色调，所以我们采取今年较流行的撞色处理，大地色系的鲜绿色地毯、抱枕与白色空间产生鲜明的对比，黑色的沙发则维持着主人的个性与空间稳定性，我们还特地去寻找绿色草皮样式的懒骨头沙发作为点缀，从家具样式、画饰到单椅造型，皆参考了八十年代的设计思想。

我们希望能透过设计让空间在视觉上放大，最后决定将空间一分为二，利用电视墙面造型延伸至客用浴室，整体空间视线由客厅往厨房延伸，透过管线规划使天花管线集中，尽可能多的面积保留原顶，藉由提高空间尺度，扩大公共领域空间的感受；整体空间客厅电视墙为主要设计重点，我们参考古典线板样式，简化并重新调整比例后，将不同尺寸之线板组合，以一定固定比例重复拼贴，塑造线条感，外围以一定体量之木框包围，不落地的设计则是降低房间的存在感。

餐厅与厨房的关系采用开放式设计，我们提出虚拟的
BAR中岛设计，受空间尺寸限制，无法采用中岛搭配餐
桌的做法，故利用透明玻璃作为BAR中岛，利用钢索悬
吊，不仅可以增加功能使用性，同时还能维持空间的开
放。中岛旁的书柜与冰箱结合，利用夹角空间作为书柜，
为家中的阅读角落。

 另一重点则是客房麻将间与客厅之间的关系，客房除了有休息与游戏的功能外，利用地面抬高的落差制作了深降台面，同时预留出杂物收纳空间，电视采用270°旋转设计，让朋友聚会时，可依需求改变电视方向，提高空间利用率。

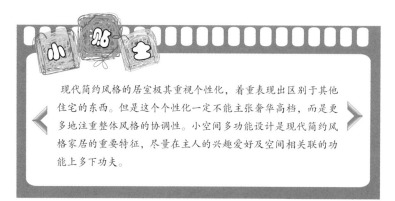

现代简约风格的居室极其重视个性化，着重表现出区别于其他住宅的东西。但是这个个性化一定不能主张奢华高档，而是更多地注重整体风格的协调性。小空间多功能设计是现代简约风格家居的重要特征，尽量在主人的兴趣爱好及空间相关联的功能上多下功夫。

Modern Simple ·

湾流汇

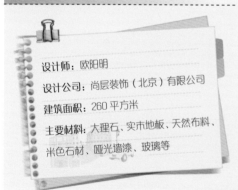

设计师：欧阳明

设计公司：尚层装饰（北京）有限公司

建筑面积：260 平方米

主要材料：大理石、实木地板、天然布料、
米色石材、哑光墙漆、玻璃等

本案业主夫妇均为电视台工作者，男主人是技术方面专家，女主人是负责节目统筹的总策划。两位从事媒体行业多年，对新鲜事物敏感，理解度和接受度非常高，对品质要求极高，崇尚简单纯粹的生活方式。作为改善生活品质的第二套住宅，业主期望通过简约的设计风格来体现纯粹和品质。设计师根据业主的想法，结合两层别墅住宅的特点，力求通过户型本身的结构体现线条之美。

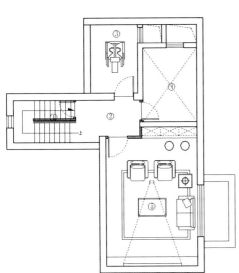

 纯白的墙面、不锈钢的线条、褐色的家具、米色石材的地面构成了简洁明快、优雅大气的空间氛围。点线面的巧妙搭配，让空间充满了节奏感。简约的沙发、素雅的窗帘以及树木年轮等饰品都以朴素的外观点缀着灵动的空间，纯粹与品质呼之欲出。

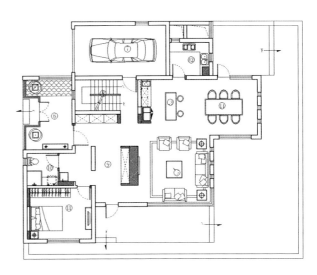

 电视背景墙的设计中，表面柔和的哑光墙漆、有光泽度的
黑色大理石、嵌入灯槽的不锈钢造型，都通过整体造型本
身的材质、体量及比例表达了现代简约的精髓。每个细节
都凝结着设计师的独具匠心，既美观又时尚。

在家具及配饰上的简约，绝对不是造型单一或方正的家具以及硬朗的饰品，而是强调功能性的设计、简约流畅的线条、对比强烈的质感以及工业化的现代社会独有的玻璃、不锈钢等标志或符号。独特的光泽和质感使家居空间倍感时尚，同时舒适美观与实用性并重。

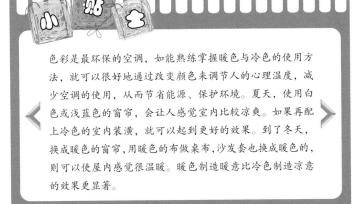

色彩是最环保的空调，如能熟练掌握暖色与冷色的使用方法，就可以很好地通过改变颜色来调节人的心理温度，减少空调的使用，从而节省能源、保护环境。夏天，使用白色或浅蓝色的窗帘，会让人感觉室内比较凉爽。如果再配上冷色的室内装潢，就可以起到更好的效果。到了冬天，换成暖色的窗帘，用暖色的布做桌布，沙发套也换成暖色的，则可以使屋内感觉很温暖。暖色制造暖意比冷色制造凉意的效果更显著。

Modern Simple •

清荷影动

设计师：吴启民
设计公司：尚展设计
建筑面积：264 平方米
项目地点：台湾 新北
主要材料：黑镜、铁件、茶玻、皮革、
仿大理石意大利砖

屋主夫妇长年旅居国外，女主人热爱古典巴洛克华丽风格，男主人则喜爱沉稳内敛的现代东方，要同时满足两人的喜好，最佳的解决方案以现代古典混搭的折衷 Art Deco 风格莫属。这间 Art Deco 新居，从哪个角度看都很耀眼，既现代又古典，有股迷人风韵，有别于一般住家的装饰风格，这不单是 Art Deco 的特色，还源自大胆的混搭设计。

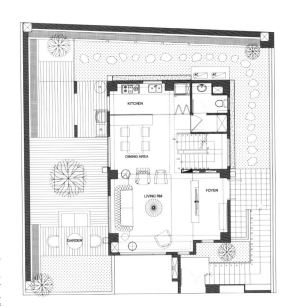

 透过 Nemo Chair 面具椅的经典表情，传达空间与生活的乐趣、品位；开放的餐厅区域以黑镜作为与厨房的交界，更在其中蕴含着女主人喜爱的山茶花图腾，延续着 Art Deco 的美感氛围。

以 Art Deco 作为设计主轴，以古典为背景诉求，延伸
众多品牌家俬的背景，挑高三米五的客厅在意大利国宝
级家具 –Poltrona Frau –Chester 1 系列品牌的沙发组
合里，展现了传世为傲的经典风格，延展出空间独特的
质蕴及品位。天花以黑镜安排造型，融入现代感的 Tom
Dixon 灯具，与经典沙发对话古今。

 三楼以主卧空间为主，依着建筑量体规划斜屋顶式的造型，其中搭配 Tom Dixon 吊灯、Ligne Roset 沙发，皮革为主的主墙，卫浴与卧眠区的接口关系，利用威尼斯镜衍生经典的奢华，古典的意象，透过古典的语汇，串连、界定、连接公私领域的生活质感与属性。

家居装修设计选择色调时，不适宜用太多的红色，红色虽是吉祥色，可使用过多会导致眼睛负担过重，脾气也会变得暴躁。橘红色也不适宜太多，它给人一种生气勃勃的感觉，让人能够感受到温暖，太多的话会让人产生厌烦的感觉。给人紫气满室香的紫色，是带有红色系列的色调，会发出比较刺眼的色感，让人产生压抑的感觉。因此建议不要过多使用紫色装饰家居。太多的黄色会让人心烦气躁，严重的会产生幻觉。

古风新韵

设计师：林卫平

设计公司：宁波西泽装饰设计工程

有限公司

静言思之，设计师希望建构具有宁静特质的室内场域，在这样的氛围下安静思索。基于长形空间，设计师运用大量的白色纵向块面勾勒空间高度，结合对称性的灰色横向小块面排组为厅区建构出丰富景深。

 以简洁的表现形式来满足人们对空间环境感性的、本能的和理性的需求，现代简约风格非常讲究材料的质地和室内空间的通透哲学。室内墙地面及顶棚和家具陈设，乃至灯具器皿等均以简洁的造型、纯洁的质地、精细的工艺为其特征。

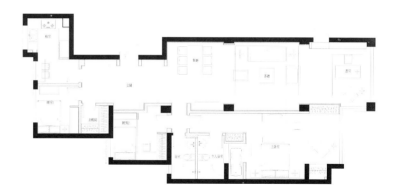

 现代感很强的餐厅设计，不管是餐边艺术气息浓厚的装饰画，还是餐桌餐椅，还是造型简洁大方的吊灯系列，整体为我们呈现出的是一幅现代感很强的作品。

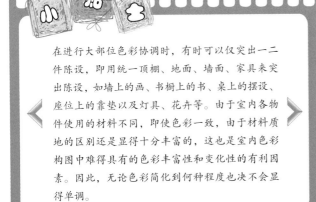

在进行大部位色彩协调时，有时可以仅突出一二件陈设，即用统一顶棚、地面、墙面、家具来突出陈设，如墙上的画、书橱上的书、桌上的摆设、座位上的靠垫以及灯具、花卉等。由于室内各物件使用的材料不同，即使色彩一致，由于材料质地的区别还是显得十分丰富的，这也是室内色彩构图中难得具有的色彩丰富性和变化性的有利因素。因此，无论色彩简化到何种程度也决不会显得单调。

整体色调明朗、简洁，床边的休闲区域毛绒地毯的放置给空间带来温馨的感觉。大大落地窗，透过纱质窗帘的光线也很是柔和，不那么刺眼。

Modern Simple ·

永康街施公馆宅邸设计案

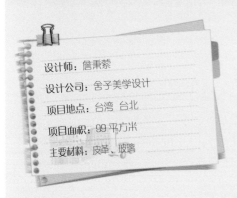

设计师：詹秉蓥

设计公司：舍子美学设计

项目地点：台湾 台北

项目面积：99 平方米

主要材料：皮革、玻璃

繁忙的都市生活，寸土寸金的房宅，反映了现代人的居住方式。此案为 99 平方米左右的小住宅，居住人数为 1~2 人，为其典型的都会住宅，如何在小户型中拥有完整的收纳空间，还要具备小豪宅的雍容气势为其本案表现重点。

此空间采用的主要材质为皮革、玻璃，从入口玄关大门的鳄鱼皮革材质便已点出此案所呈现的风格，其皮革用在玄关大门外，沙发、床座、九宫格及走道大书柜中，其玻璃使用了不同种的素材，如明镜、茶镜、墨镜、清玻、茶玻、喷花玻璃等，使其除有放大空间的效果外，更能制造空间的层次感。

玄关为抽拉式镜面大鞋柜，可以置
放约100双鞋子。客厅，除电视
柜外，还设计了隐藏于鞋柜后的
CD柜。(中间灯源的设计使柜子
无外露感，并增加了室内光源。)

小空间除了基本的使用需求外，因为受地方小的限制，人在其空间行走触目可及处，更须精致、细腻。在生活脱离不了实用性的心灵需求下，我们在小空间的布局中，更讲究使用模式外的人文感官，让房子说她想说的话，达到美观与实用二者的平衡。

 卧室里，床头背后九宫格置入空间，其每一格皆可置物，可放置书本等小东西。床头右方为镜面门片，其左方为一相同镜面造型包柱，使其看似镜面，实则柱子。右方打开其活动隔板，可置放书本及各式物品。下方床头柜，可拖拉出来，内可置物。可掀式床座设计，内可置放棉被等物品。床头的右方为隐藏式大衣橱，置放衣物。

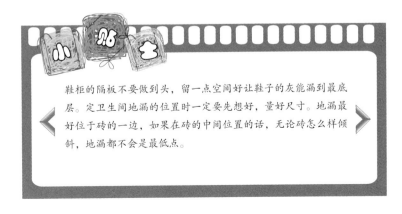

鞋柜的隔板不要做到头，留一点空间好让鞋子的灰能漏到最底层。定卫生间地漏的位置时一定要先想好，量好尺寸。地漏最好位于砖的一边，如果在砖的中间位置的话，无论砖怎么样倾斜，地漏都不会是最低点。

Modern Simple ·

世贸花园

设计师：叶永志

设计公司：黎水仁佳装饰设计事务所

项目地点：浙江 丽水

主要材料：中花白大理石、绿可市、仿古砖

现代人面临着城市的喧嚣和污染，激烈的竞争压力，还有忙碌的工作和紧张的生活，因而，更加向往清新自然、随意的居住环境。更多的是摒弃繁缛豪华的装修，力求拥有一种自然简约的居住空间。

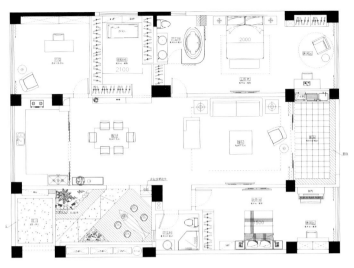

 柔软的沙发充满现代气息，背景墙的中式夹玻璃隔断将中式元素融入其中，体现了主人对中式的情有独钟。

吊顶上的绿可木给人一种无限的美感，线条带动整个空间产生活跃感。客厅吊顶的设计完全抛开了传统的设计手法，客厅正中不考虑主灯的设计，而是把主灯设计到边上的茶几上，让它变成了一个饰品，更好地营造整个客厅空间的氛围。

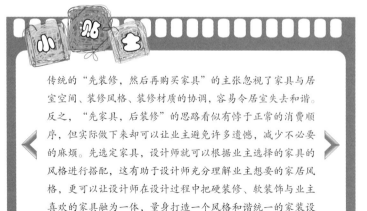

传统的"先装修，然后再购买家具"的主张忽视了家具与居室空间、装修风格、装修材质的协调，容易令居室失去和谐。反之，"先家具，后装修"的思路看似有悖于正常的消费顺序，但实际做下来却可以让业主避免许多遗憾，减少不必要的麻烦。先选定家具，设计师就可以根据业主选择的家具的风格进行搭配，这有助于设计师充分理解业主想要的家居风格，更可以让设计师在设计过程中把硬装修、软装饰与业主喜欢的家具融为一体，量身打造一个风格和谐统一的家装设计方案。

卧室整体采用暖色调，进门处的主卫空间是用玻璃隔断进行围合的一个通透空间，在外侧又用窗帘的形式进行了围合，使之既可以通透又具有私密感。

图书在版编目（CIP）数据

现代简约 / 凤凰空间·天津编. -- 南京 ：江苏科
学技术出版社，2013.10
（梦想家居就该这样装！）
ISBN 978-7-5537-1935-1

Ⅰ．①现… Ⅱ．①凤… Ⅲ．①住宅－室内装饰设计－
图集 Ⅳ．① TU241-64

中国版本图书馆 CIP 数据核字（2013）第 208373 号

梦想家居就该这样装！
现代简约

编　　　者	凤凰空间·天津	
项 目 策 划	陈　景	
责 任 编 辑	刘屹立	
特 约 编 辑	吕佩佩	
责 任 监 制	刘　钧	

出 版 发 行	凤凰出版传媒股份有限公司
	江苏科学技术出版社
出版社地址	南京市湖南路1号A楼，邮编：210009
出版社网址	http://www.pspress.cn
总 经 销	天津凤凰空间文化传媒有限公司
总经销网址	http://www.ifengspace.cn
经 　销	全国新华书店
印 　刷	北京建宏印刷有限公司

开　　　本	710 mm×1 000 mm　1／16
印　　　张	8
字　　　数	64 000
版　　　次	2013年10月第1版
印　　　次	2013年10月第1次印刷

标 准 书 号	ISBN 978-7-5537-1935-1
定　　　价	29.80元

图书如有印装质量问题，可随时向销售部调换（电话：022-87893668）。